Introduction

Wide skies, green meadows, cows, windmills, tu
more: That's Holland !
This booklet gives a summary of these beautiful
A recollection of your stay in Holland, or possib
visit: Welcome in the Netherlands !

Einführung

D

Grossartige Lüfte, grüne Wiesen, Kühe, Häuser mit typischen Fenstern und Gardienchen, Fahrräder, Mühlen, Tulpenfelder, Kanäle und noch vieles mehr: Das ist Holland !
Von diesen Höhepunkten gibt dieses kleine Buch eine Zusammenfassung.
Eine Erinnerung an Ihren Besuch, oder möglicherweise eine Einladung zu einer persönlichen Bekanntschaft: Willkommen in die Niederlande !

Introduction

F

Les vastes cieux, les prairies vertes, les vaches, les maisons aux façades pittoresques où derrière les vitres les géraniums fleurissent entre les rideaux blancs, les bicyclettes, les moulins, les champs de fleurs, les canaux, et j'en passe: Voilà la Hollande !
Ce petit album vous donnera une impression de ce décor typiquement hollandais.
Il sera un souvenir de votre visite ou une invitation à une rencontre personelle: Bienvenu en Hollande !

Introduzione

I

Grandi cieli, verdi prati, mucche, mulini a vento, campi di tulipani, canali ed altro ancora: questa é l'Olanda !!
Questo libretto vi offre un sunto di queste belle vedute.
Un ricordo del vostro soggiorno in Olanda, o, possibilmente, un invito per una visita di persona: Benvenuti nei Paesi Bassi !!!

Introduccion

E

Amplios cielos, pastos verdes, vacas, casas con típicos y graciosos visillos, bicicletas, molinos, campos de tulipanes, canales y muchas cosas más: esto es Holanda !
Este libro contiene un compendio de los puntos mencionados.
Es un recuerdo de su estancia, o quizá una invitación a visitarnos en un próximo futuro: Bienvenido a Holanda !

ま え が き

日

果てしない空、緑の牧場、牛、典型的な窓とカーテンのある家、自転車、風車、チューリップ畑、運河、他にもまだたくさん…。それがオランダです！
この小冊子にはこうした名所・名物のおもなものが集めてあります。
オランダ訪問の記念品にもなれば、これから訪問という皆様にとっては招待状になるかも知れません。オランダにようこそ！

Photography, production and edition:
© bert van loo produkties bv
NL-3994 WC Houten, Distelvlinderberm 14
Tel. 03403-77301 Fax 03403-50375
Reg. number Chamber of Commerce: Utrecht:63339

Dikes and polders.

Deiche und Polder.

Digues et polders.

Argi-ni e polders.

Diques y polders.

堤防とポルダー。

Schiphol-airport Amsterdam.

Schiphol Flughafen Amsterdam.

Schiphol aéroport Amsterdam.

L'Aeroporto di Schiphol Amsterdam.

Aeropuerto Schiphol Amsterdam.

アムステルダム・スキポール空港。

KLM
SAS
SCANDINAVIAN
KLM

Dikes and polders.

Deiche und Polder.

Digues et polders.

Argi-ni e polders.

Diques y polders.

堤防とポルダー。

Zevenhuizen
Prov. Zuid Holland

Leidschendam
Prov. Zuid Holland

Kinderdijk
Prov. Zuid Holland

Kinderdijk

Rijpwetering
Prov. Zuid Holland

Maarssen
Prov. Utrecht

Zaanse Schans
Prov. Noord Holland

◀ Kloetinge
Prov. Zeeland

Terschuur
Prov. Gelderland ▶

Schermerhorn
Prov. Noord Holland ▼

Amsterdam

National Monument 1940-45, on the Damsquare, 1956.

Nationaldenkmal 1940-45, auf dem Damplatz, 1956.

Monument National 1940-45, sur le place Dam, 1956.

Il Monumento Nazionale 1940-45, sulla Piazza Dam, 1956

Monumento Nacional 1940-45, en la plaza Dam, 1956.

戦争犠牲者慰霊塔。ダム広場にある。１９５６年に建造。

Royal Palace on the Dam. It was built from 1648 till 1655 to be a townhall.

Königlicher Palast auf dem Dam. Als Rathaus von 1648 - 1655 erbau

Palais Royal au Dam. Construit comme hôtel de ville, 1648 - 1655.

Palazzo Reale sulla Piazza denominata Dam. Fu costruito dal 1648 al 1655 come sede della municipalità.

Palacio Real en la plaza Dam. Construido entre el 1648 - 1655 y designado como ayuntamiento.

ダム広場の王宮。もと市役所として１６４８年から１６５５年にかけて建てられた。

Skinny bridge. Magere Brücke. Pont maigre. Il ponte Smilzo. Puento Flaco. マヘレの跳ね橋。

Central Station and Tourist Office.
La Stazione Centrale con l'Ufficio Turistico.

Hauptbahnhof und Verkehrsamt.
Estación Central y Oficina de Información y Turismo.

Gare Central et Syndicat d'Initiave.
中央駅と観光協会。

The Oude Schans with Montelbaanstower. This tower was part of the old defenses of the city of Amsterdam.

Die Oude Schans mit der Montelbaansturm. Dieser turm war ein Teil der alten Verteidigungsanlagen der Stadt Amsterdam.

Le Oude Schans avec le Montelbaanstoren. Cette tour fut une parti des anciennes fortifications de la ville Amsterdam.

Vista sulla Oude Schans, sullo sfondo la Montelbaanstoren. Questa torre fu una parte delle pristine forticazioni della città di Amsterdam.

El Oude Schans con Montelbaanstoren. Esta torre formò parte en el siglo XVII de la muralla defensiva de la cuidad de Amsterdam.

De Oude Schans met Montelbaanstoren. Deze toren maakte deel uit van de oude verdedigingswerken uit de 17e eeuw.

The Singellocks
Die Singelschleusen
Les écluses de Singel
La chiusa del Singel
Las esclusas del Singel
De Singelsluizen

The Old Church,
Die Alte Kirche,
La Vieille Eglise,
La Vecchia Chiesa,
La Iglesia Vieja
De Oude Kerk

Lovers Rondvaart
LOVERS

Waals

Amsterdam

Keizersgracht, Reguliersgracht.

◀ At the seven bridges.
Bei den sieben Brücken.
Aux sept ponts.
Vicino ai sette ponti.
Los siete puentes.
七つの橋のそば。

Amsterdam has more than 800 bridges. This is the best known: the Skinny bridge across the river Amstel.

Amsterdam hat mehr als 800 Brücken. Hier die bekannteste: die Magere Brücke über den Amstel-Fluss.

A Amsterdam il y a plus de 800 ponts. Voilà le pont le plus connu: le Pont Maigre sur l'Amstel.

Amsterdam ha piú di 800 ponti. Il piú conosciuto é il Ponte Smilzo attraverso il fiume Amstel.

Amsterdam tiene más de 800 puentes. Este es el más conocido, llamado Puente Flaco, que atraviesa el río Amstel.

アムステルダムには８００以上の橋がある。最も有名なのがこのマヘレの跳ね橋で、アムステル川にかかっている。

▼

Volendam

Typical costume
Typische Kleidertracht
Costume typique
Costume tipico
Traje típico
独特の民族衣装。

Old fishing village, famous for its typical costumes. The harbour, the Fish auction, the Volendam Museum and many souvenir shops.

Alter Fischerhafen, berühmt wegen seiner Trachtenkleider. Der Hafen, die Fischversteigerung, das Volendammer Museum and viele Souvenirgeschäfte.

Un vieux village de pêche, célèbre par ses costumes. Le port, la criée aux poissons, le musée de Volendam et beaucoup de boutiques qui vendent aux touristes.

Villaggio di pescatori, famoso per i tipici costumi. Il porto, l'asta del pesce, il Museo di Volendam e molti negozi di souvenir.

Pueblo de pescadores, famoso por sus trajes típicos. El puerto, la subasta del pescado, el museo de Volendam y las incontables tiendas de souvenirs.

古い漁村。民族衣装で有名。港、魚市場、フォーレンダム博物館、数多いお土産店。

The harbour. Der Hafen. Le port. El puerto. Il porto. 港。

Typical houses. Typische Häuser. Maisons typiques. Case tipiche. Casas típicas. 特色のある家。

Marken

Typical houses- and costumes.
Typische Häuser- und Kleidertrachten.
Maisons et costumes typiques.
Casa e costumi tipichi.
Casas y trajes típicos.
特色のある家と独特の民族衣装。

Marken, no longer an island since 1959. It is unjustly less known than Volendam and decidely worth being visited.

Marken, seit 1959 keine Insel mehr. Zu unrecht weniger bekannt als Volendam und durchaus eines Besuches wert.

Marken, qui de constitue plus une île depuis 1959. Ce n'est pas aussi renommée que Volendam et qui va vaut bien la peine d'une visite.

Marken, non piú un isola dal 1959. E'immeritatamente meno conosciuta di Volendam e decisamente degna di essere visitata.

Marken, en 1959 dejó de ser una isla. Es injustamente menos conocida que Volendam y vale verdaderamente la pena hacerle una visita.

マルケン。１９５９年以来島でなくなった。フォーレンダムと同じ位有名でいいはずだが、それほどは名が知られていない。必ず訪れる価値がある。

de taanderij

Zaanse Schans

Authentic houses and windmills of the Zaan-region have been replaced and brought together to an old village, typical of this part of the country.

Authentische Häuser und Mühlen, wie man sie an der Zaan findet hat man hier wieder aufgebaut und zusammen gefügt zu einem alten Dorf aus dieser Gegend.

Dans la région du Zaan on a déplacé et reconstruit les petites maisons authentiques. Le résultat c'est un village spécifique du passé.

Case e mulini a vento originali della regione dello Zaan sono stati rimossi e raggruppati insieme a formare un antico villaggio.

Casas y molinos de viento originales de la región de Zaan han sido trasladadas y agrupadas formando un antiguo y típico pueblo de esta comarca.

ザーン地方の家と風車をそのまま移動し、一つの場所に集めることによって、この地方に特有の古い村が出来上がった。

◀ Clog-making
Holzschuhmacherei
Saboterie
Produzione degli zoccoli
Producción artesana de zuecos
木靴製造所。

Alkmaar

Traditional cheese-market with cheese-carriers in historic guils uniforms.

Traditioneller Käsemarkt mit Käseträgern in historischer Zunftuniformen.

Marché au fromage, style habituel avec porteurs de fromage, vêtus d'uniformes de corporation.

Il mercato tradizionale del formaggio con portatori dello stesso negli storici costumi corporativi.

Tradicional mercado del queso, con portadores ataviados con históricos uniformes de diferentes cooperativas.

伝統的なチーズ市場と、歴史的なギルドの制服を着たチーズ運搬人。

Cheese-dairy
Käsebauernhof
Fromagerie
Produzione del formaggio
Producción de queso
チーズ製造所。

Farmhouse with milk-cans, which are getting more and more rare.
Blosseming fruittrees. Seeing the country-side is a must during your visit to Holland.

Bauernhof mit Milch-'büssen' die immer seltener werden.
Fruchtblüten im Frühjahr und Kühe. Das einfache platte Land sollen Sie während Ihres Hollandbesuches nicht unberücksichtigt lassen.

Ferme avec bidons à lait, on ne les voit que rarement.
Fleur de fruitier au printemps et des vaches. Ne manquez pas le plat pays au cours de votre visite aux Pays Bas.

Fattoria con bidoni del latte che divengono sempre piú rari.
Alberi da frutta in fiore. La visita della campagna é una scelta obbligata durante la vostra visita in Olanda.

Granja con bidones de leche, cada vez más difíciles de ver.
Arboles frutales en flor. Un recorrido por el campo es algo que Ud. no debe olvidar durante su visita a Holanda.

農場。日毎にまれになってきている牛乳かん。春、花盛りの果物の木。牛。

在り来りの田舎でも特別と言うに十分値する。

オランダ訪問の際忘れるべからず！

Keukenhof

International flowershow in springtime.

Internationale Blumenausstellung im Frühjahr.

Floralies internationales aux printemps.

Mostra internazionale dei fiori a primavera.

Exposición internacional de flores, en primavera.

春の国際花展示会。

Lisse, Hillegom

Bulb-culture between Leyden and Haarlem, especially Lissen and Hillegom. Millions of tullips flower here in spring.

Blumenzwiebelzucht zwischen Leiden und Haarlem, besonders Lisse und Hillegom. Millionen Tulpen blühen hier im Frühling.

Culture de plantes bulbueuses dans la contrée de Leiden à Haarlem, surtout en Lisse et Hillegom. Des millions de tulipes fleurent ici au printemps.

Colture di bulbi tra Leiden e Haarlem, in particolar modo a Lisse e Hillegom. A primavera qui fioriscono milioni di tulipani.

Cultivación de bulbos entre Leiden y Haarlem, especialmente en Lisse y Hillegom. En primavera florecen aquí millones de tulipanes.

ライデンとハーレムの間、特にリッセとヒレホムの球根栽培場。春にはここにおびただしい数のチューリップが花を咲かす。

Den Haag

The Palace Noordeinde where Queen Beatrix works. ▲
Palast Noordeinde, Arbeitspalast von Königin Beatrix.
Palais Noordeinde où se trouve le cabinet de travail de la Reine Beatrix.
Palazzo Noordeinde, dove lavore la Regina Beatrice.
Palacio Noordeinde, lugar de trabajo de la Reina Beatríz.
ノールトエインデ宮殿。ベアトリックス女王が仕事をするところ。

◀ International Peace Palace built from 1907-13.
Internationaler Friedenspalast, 1907-13 erbaut.
Palais de Justice international, construit de 1907-13.
Il Palazzo Internazionale della Pace, costruito tra il 1907-13.
Palacio Internacional de Justicia, construido entre 1907-13.
国際平和宮。１９０７年～１３年にかけて建てられた。

Palace 'Huis ten Bosch'. Here the Queen lives with her family.
Palast 'Huis ten Bosch'. Hier wohnt die Königin mit Ihre Familië.
Palais 'Huis ten Bosch'. Ici habite la reine avec la famille.
Palazzo 'Huis ten Bosch'. Qui vive la Regina con la Sua Famiglia.
Palacio 'Huis ten Bosch'. Residencia de la Reina y su familia.
「ハウス・テン・ボス」宮殿。ここに女王が家族と共に住んでいる。 ▼

Den Haag

Government buildings and Houses of Parliament. Knights' Hall where the parliamentary year is opened on the third Tuesday of September.

Regierungs- und Parlamentsgebäude der 'Rittersaal'. Foto links unten: der 3. Dienstag in September: Eröffnung der Parlamentsitzungen.

Edifices du Parlement et de l'Etat, la Grande-Salle. Photo gauche en bas: le troisième mardi du mois de septembre: la rentrée du Parlement.

Palazzo del Governo e Parlamento. La Hall dei Cavalieri dove l'anno parlamentare viene inaugurato il terzo Martedì di Settembre.

Edificios del Gobierno y Parlamento y la Sala de los Caballeros. Foto inferior izquierda: Inaguración del año parlamentario, el tercer Martes de Septiembre.

内閣と国会の建物。騎士の館。左下の写真は９月の第３火曜日。毎年この日に国会が開会される。

Den Haag

Townhall
Hôtel de Ville
Ayuntamiento
Rathaus
Municipio
市役所。

Great- or St. Jacobchurch, late gothic with tower from about 1424.

Die Grosse oder Sct. Jacobskirche, spätgothische Hallenkirche mit Turm aus etwa 1424.

Grote Kerk ou St. Jacobskerk, église-halle, style orival secondaire avec sa tour de 1424 environ.

La Chiesa Grande o di San Jacopo in stile tarde-gotico con torre del 1424.

La Iglesia Grande o de S. Jacobo, en estilo gótico, con campanario del año 1424.

大教会、別称は聖ヤコブ教会。塔のある後期ゴシック様式通廊型教会。１４２４年頃建造。

The Gate House was a prison and torture chamber. Now it is a museum.

Museum 'Gefangentor' mit einer grossen Sammlung Folterwerkzeugen.

Musee 'Gevangenpoort', anciennement prison avec chambre de torture.

La Casa della Porta era prigione e camera di tortura. Ora é un museo.

Museo 'Portal del Prisionero', antiguamente prisión y cámara de tortura.

番小屋博物館。昔は牢獄かつ拷問所だった。

Buitenhof.

Madurodam

Scheveningen

Kurhaus, Boulevard, Pier.

Rotterdam

◄ Euromast + spacetower, 185 m.

Willemsbrug. ▲

Blaak. ▼

Rotterdam

Coolsingel

Townhall
Rathaus
Hôtel de Ville
Municipio
Ayuntamiento
市役所。

Delfshaven

Old and modern architecture.
Architettura antica e moderna.

Alte und moderne Architektur.
Arquitectura antigua y moderna.

Architecture ancienne et moderne.
古い建築。新しい建築。

HOLLANDIA
nuovo
PEPSI

Delft

▲

New Church (St. Ursula) 1384, gothic cruciform basilica. Second highest churchtower in Holland, 109 m.

Neue Kirche (Sct. Ursula) 1384, gothische Kreuzbasylika mit dem zweithöchsten Kirchturm der Niederlanda, 109 m.

Eglise Nouvelle (St. Ursula) 1384, basilique en forme de croix avec son clocher que est un des plus hauts aux Pays Bas, 109 m.

Chiesa Nuova di Sant'Orsola del 1384, basilica gotica cruciforme.
Il secondo maggior campanile d'Olanda, alto 109 metri.

Iglesia Nueva o de Sta. Ursula, del año 1384. Basílica gótica cruciforme con un campanario de 109 metros, es el segundo en altura en Holanda.

新教会（聖ウルスラ）。１３８４年に建立。ゴシック様式十字型バシリカ聖堂。オランダで２番目に高い教会塔を持つ。高さ１０９メートル。

Medieval townhall with tower from about 1300, and superstructure from the 15th century.

Mittelalterlicher Rathaus mit Turm aus etwa 1300, und einem Überbau aus dem 15. Jahrhundert.

Hôtel de Ville médiéval avec sa tour d'environ 1300, et superstructure du 15me siècle.

Il Municipio medioevale con torre del 1300 circa, con sovrastrutture del 15 sec.

Ayuntamiento medieval con campanario del año 1300 y construcción superior del siglo 15.

◀ 中世期の市役所。塔は１３００年頃建てられた。上部構造は１５世紀のもの。

Delft

The Old Church, 1250. By the different styles the development in Gothic can be seen.

Alte Kirche St. Hippolytus, 1250. In den verschiedenen Baustilen kann man die Entwicklung der Gotik gut herauslesen.

Vieille Eglise St. Hippolytus, 1250. A cause de styles diverses on peut voir le développement du gothique.

La Vecchia Chiesa del 1250. Tra i vari stili si riconosce l'evoluzione al Gotico.

La Vieja Iglesia, del año 1250. A través de los diversos estilos se puede apreciar la evolución del estilo gótico.

旧教会。１２５０年に建立。異なる建築様式が使われていることから、ゴシック様式の変遷をたどることができる。

East-Gate, what remained from the 13th century fortifications.
Osttor, Rest aus einem aus dem 13. Jahrhundert stammenden Festungswerk.
Oostpoort, reste des ouvrages de fortification du 13me siècle.

Porta Est, residuo delle fortificazioni del 13 sec.
Portal del Este, lo que ha quedado de las fortificaciones del siglo 13.
東門。１３世紀の要塞の跡。

Gouda

The weight-house, 1688
Die Waage, 1688
Le poids public, 1688
La pesa pubblica, 1688
Balanza pública, 1688
計量所。１６８８年建造。

Townhall, 1450
Rathaus, 1450
Hôtel de Ville, 1450
Municipio, 1450
Ayuntamiento, 1455
市役所。１４５０年建造。

Koren- en visbeurs

De Haar caste, near the city of Utrecht. Originally dating from 1163. The complete rebuilding was started in 1892. Now it is a museum with spendid objects of art.

Schloss De Haar, in der Nähe von Utrecht, aus dem Jahre 1163. In 1892 fing die totale Wiederaufbau an. Heute Museum mit prachtvollen Kunstgegenständen.

Château de Haar, à proximité d'Utrecht, originaire de 1163, complètement reconstruit en 1892, aujourd'hui musée d'objets d'arts précieux.

Il Castello De Haar, nei pressi della cittá di Utrecht, originario del 1163. La ricostruzione completa fu iniziata nel 1892. Ora é un museo con splendidi oggetti d'arte.

Castillo De Haar, cerca de la ciudad de Utrecht. Su origen data del 1163. Su reconstrucción comenzó en el año 1892. Actualmente es un museo con hermosos objetos de arte.

ド・ハール城。ユトレヒトの近く。１１６３年創建。１８９２年に徹底的な再建が始まった。現在見事な美術品が陳列されている美術館。

Wiches' weigh-house. La bilancia delle streghe. Hexenwaage. Balanza de las brujas. Balance des sorcières. 魔女計量所。

Oudewater

Old façades. Alte Giebel. Façades anciennes. Antiche facciate. Fachadas antiguas. 古いファサード。

Townhall with renaissance front from 1588. Burnt down in 1968, now quite restored.

Rathaus mit Renaissancefassade aus dem Jahre 1588. In 1968 niedergebrannt. Heute völlig wiederaufgebaut und restoriert.

Hôtel de Ville avec façade style renaissance datant de 1588, reduit en cendres en 1968. A présent reconstruit à fond.

Municipio con fronte rinascimentale del 1588. Completamente andato a fuoco nel 1968, é stato interamente restaurato.

Ayuntamiento con fachada renacentista, del año 1588. Pasto de las llamas en 1968 y actualmente completamente restaurado.

ルネサンス風ファサードの市役所。１５８８年建造。１９６８年に全焼。現在は完全に復元されている。

Utrecht

View from Domtower.
Vue de la tour Dom.
Vista desde la torre Dom.
Blick vom Domturm
Vista della torre del Duomo.
ドム塔からの眺め。

Oudegracht with terraces on the quays where formerly the ships unloaded there goods. The storehouses run on underneath the heightened street. In the background the highest church tower of Holland, (called The Dom): 112 m.

'Oudegracht' mit typischen Terassen auf den Werffen, früherer Ort wo Schiffe ihre Güter löschten. Die Lagerhäuser ziehen sich bis unter der erhöhten Strasse durch. Im Hintengrund Hollands höchster Kirchturm: 112 m.

Oudegracht, les chantiers aux terrasses propres, autrefois les lieux où les bateaux débarquaient leurs marchandises. Les entrepôts passent sous la rue élevée. Au fond on voit le plus haut clocher de tout le pays, 112 m.

Oudegracht con terrazze sul molo dove un tempo le navi scaricavano le loro merci. I magazzini sono situati all'interno dietro la strada sopraelevata. Sullo sfondo il piú alto campanile d'Olanda (chiamato il Duomo) di 112 metri.

Oudegracht, con típicas terrazas en sus 'orillas', donde antiguamente los barcos descargaban sus mercancías. Los almacenes están situados bajo la calle que ha sido elevada para este propósito. Al fondo, el campanario de iglesia más alto de Holanda, el Dom, de 112 metros.

アウデフラフトと桟橋の上の典型的なテラス。昔この桟橋は船が積荷を下ろす場所だった。倉庫は高くなった通りの下に続いている。背景にはオランダで最も高い教会塔ドム。高さ１１２メートル。

Utrecht

◀ Pope's house, 1517. The dwelling of the only Dutch pope.

Papsthaus, 1517. Hier wohnte der einzige aus den Niederlanden stammende Papst.

Paushuize, 1517. Ici le seul pape néerlandais avait son siège.

Casa del Papa, 1517. L'abitazione dell'unico Papa olandese.

Casa del Papa, 1517. Residencia del unico Papa Holandés.

教皇の家。１５１７年建造。オランダ唯一の教皇が住んだ家。

Maria-cloistergarden, oldest remains of Utrecht, 1085.

Maria-Klostergarten, ältester Rest von Utrecht, 1085.

Jardin de convent Marie, la reste la plus ancienne d'Utrecht, 1085.

Il Chiostro di Maria, la piú antica costruzione di Utrecht, 1085.

Jardines del Claustro de María, los más antiguos restos de Utrecht, 1085.

マリア修道院の庭園。ユトレヒト最古の史跡。１０８５年建造。 ▼

Cloistergarden of Cathedral, 15th century.
Kloistergarten vom Domkirche, 15. Jahrhundert.
Jardin du cloître de la Cathédrale, 15me siecle.

Giardino del convento del Duomo, 15 sec.
Jardín del claustro de la Catedral, siglo 15.
ドム教会修道院の庭園。１５世紀建造。

Amersfoort

Our Lady's tower, 100 m., built in late Gothic style (1445-1480). The small turret to the right on top represents the Infant Jesus, leaning against the Madonna, the big tower.

Liebfrauenturm, 100 m., in spätgotischem Stil gebaut (1445-1480). Der kleine Turm rechts oben stellt das Kind Jesus dar, an die Madonna, den grossen Turm, angelehnt.

Onze Lieve Vrouwetoren, 100 mètres, construite en style ogival secondaire de 1445-1480. La petite tourelle, voir droit au-dessus, exposent l'enfant Jésus, s'appuyant contre la Vierge, le grand clocher.

La Torre di Nostra Signora, alto 100 metri, costruita in stile tardo gotico tra il 1445 ed il 1480. La piccola torretta della cima sulla destra rappresenta Gesú Bambino appoggiato alla Madonna, la grande Torre.

Torre de Nuestra Señora, 100 metros de altura, de estilo gótico (1445-1480). La pequeña torre, arriba a la derecha, representa al Niño Jesús apoyandose en María, la torre grande.

聖母搭。高さ１００メートル。後期ゴシック様式で、１４４５年から１４８０年にかけて建てられた。右上の小さな搭は、聖母（大きい搭）に寄り掛かる幼児キリストを表している。

Koppelpoort, a double gate, from the beginning of the 15th century. A rare combination of a land- and watergate.

Koppel-Tor, anfang 15. Jahrhundert, eines der merkwürdig kombinierten Land- und Wassertoren.

Koppelpoort, début 15ième siècle, poterne combinaison avec la porte de ville.

Koppelpoort, una doppia porta, datante agl inizi del 15 sec. Una rara combinazione di Porta di terra e di acqua.

Koppelpoort, de principios del siglo 15. Una rara combinación de portales de tierra y agua.

コッペルポールト。１５世紀初期建造。数少ない路と水路の門を組み合わした門の一つ。

Spakenburg

Typical costumes
Typische Kleidertrachten
Costumes typiques
Costumi tipichi
Trajes típicos
民族衣装。

Old harbour. Alter Hafen. Vieux port. Vecchio porto. Puerto viejo. 古い港。

Staphorst

Giethoorn

Typical costumes
Typische Kleidertrachten
Costumes typiques
Costumi tipichi
Trajes típicos
民族衣装。

Zeeland

Middelburg

Townhall from 1452, practically completely destroyed in 1940, quite restored now.

Rathaus von 1452, im Jahre 1940 nahezu völlig zerstört, heute wieder wunderbar restauriert.

Hôtel de Ville, 1452. Détruit en 1940, restauré complètement aujourd'hui.

Municipio del 1452, practicamente distrutto nel 1940, ed ora ricostruito.

Ayuntamiento del 1452, practicamente destruido en 1940 y actualmente reconstruido.

市役所。１４５２年に建造。１９４０年にほとんど全部破壊されたが、現在は見事に復元されている。

Southharbour gate, 15th century.
Südhafentor, 15. Jahrhundert.
Zuidhavenpoort, 15me siècle.
Porta del porto-sud, 15 sec.
Portal del puerto Sur, siglo 15.
南港門。１５世紀建造。

Sluis, Zeeuws Vlaanderen

Townhall from 1375 with the only Belfort in Holland. It was heavely damaged in 1944 during the liberation.

Rathaus aus 1375 mit dem einzigen Belfort in den Niederlanden. In 1944 schwer beschädigt, heute wieder vollends restauriert.

Hôtel de Ville, 1375, avec le seul beffroi aux Pays Bas. Gravement démoli en 1944, à présent rétabli en son état ancien.

Municipio del 1375 con il solo Osservatorio in Olanda. Distrutto nel 1944, ed ora ricostruito.

Ayuntamiento del año 1375, unico en Holanda con torre de observación. Destruido durante la liberación en 1944 y actualmente restaurado.

オランダ唯一の鐘楼付き市役所。１３７５年建造。１９４４年占領軍からの解放の際破壊されたが、その後見事に復元された。

Vlissingen

Kloetinge, Goes

Flour-mill from 1704 with women in typical Zealand costume.

Getreidemühle aus dem Jahr 1704 mit Frauen in orginal seelandischer Kleidertracht.

Moulin à blé de 1704 avec des femmes aux costumes d'origine zélandaise.

Mulino da grano del 1704, e donna nel tipico costume della Zealand.

Molino de grano, del año 1704 y mujeres ataviadas con el traje típico de la comarca.

製粉所。１７０４年建造。独特の民族衣装を着た女達。

Valkenburg

Vaals

Drielandenpunt

Maastricht

Townhall
Hôtel de Ville
Ayuntamiento
Rathaus
Municipio
市役所。

Margraten

Winter. Hiver. Inverno. Invierno. 冬。

LIX-BOA

Zaanse
Schans

Kloetinge

Maarssen

Maarssen

Lunteren

Woerden

Keukenhof

Streefkerk

Enspijk

Lienden

Ede

Aalden